BERICHTE ÜBER DIE VERHANDLUNGEN DER SÄCHSISCHEN
AKADEMIE DER WISSENSCHAFTEN ZU LEIPZIG

Mathematisch-naturwissenschaftliche Klasse

Band 98 · Heft 3

KARL KEGEL

DER SALZSTOCK MIROWO BEI PROVADIA IN BULGARIEN

1951

AKADEMIE-VERLAG · BERLIN

BERICHTE ÜBER DIE VERHANDLUNGEN DER SÄCHSISCHEN AKADEMIE DER WISSENSCHAFTEN ZU LEIPZIG

Mathematisch-naturwissenschaftliche Klasse

Band 98 · Heft 3

KARL KEGEL

DER SALZSTOCK MIROWO BEI PROVADIA IN BULGARIEN

1951

AKADEMIE-VERLAG · BERLIN

Vorgetragen in der Sitzung vom 20. März 1950

Manuskript eingeliefert am 19. April 1950

Druckfertig erklärt am 15. Juni 1951

Erschienen im Akademie-Verlag GmbH., Berlin NW 7, Schiffbauerdamm 19

Lizenz-Nr. 156 · 100/32/50

Satz und Druck der Buchdruckerei F. Mitzlaff, Rudolstadt/Thür. (341)

Bestell- und Verlagsnummer 2027/98/3

Preis: DM 3,—

I. Geologie

Der Salzstock Mirowo bei Provadia liegt ca. 40 km südwestlich Warna bzw. südöstlich des Ortes Provadia, etwa 500 m südlich der Eisenbahnstation Mirowo (s. Abb. 1).

Der Salzstock hat in Höhe des Salzspiegels, der etwa 12—20 m, z. T. bis 30 m, unter der bei + 20—22 m NN und an einem Hügel bei + 40 m NN liegenden Erdoberfläche ansteht, eine etwa nordsüdlich sich erstreckende horizontale Länge von fast 900 m und eine ostwestliche Breite von rd. bis 500 m. Er liegt im Bereich einer erheblichen, etwa nordsüdlich streichenden Verwerfung von 250—300 m Sprunghöhe. Der östlich des Sprunges liegende Gebirgsteil ist abgesunken. Der nordsüdlich streichende Sprung ist offenbar durch die Aufpressung des Salzes erweitert worden. Gleichzeitig sind die Gebirgsschichten in unmittelbarer Nähe rings um den Stock durch die Aufpressung des Salzstockes aufgebogen. Das Einfallen der Schichten ist, abgesehen von dem westlichen Gebirgsteil, zunächst verhältnismäßig steil und scheint sich mit zunehmender Entfernung vom Stock zu verflachen (s. Abb. 2 u. 3). Das Spezialstreichen und Spezialfallen der Hangendschichten weicht demnach mehr oder weniger stark von dem Generalstreichen und Generalfallen des Gebirgsaufbaues der in Frage kommenden weiteren Umgebung ab. Die Schichten fallen im allgemeinen mit etwa 5—10°, also sehr flach, nach Süden ein.

Der westlich des Stockes gelegene Gebirgsteil erhebt sich etwa 80 m über das Gelände des Salzstockgebietes. Die Schichten dieses höher gelegenen Gebirgsteiles sind — offenbar durch die Wirkung des aufgepreßten Salzstockes — sattelförmig gewölbt, wobei die Sattellinie mit etwa 15—20° nach Westen einfällt (Abb. 2).

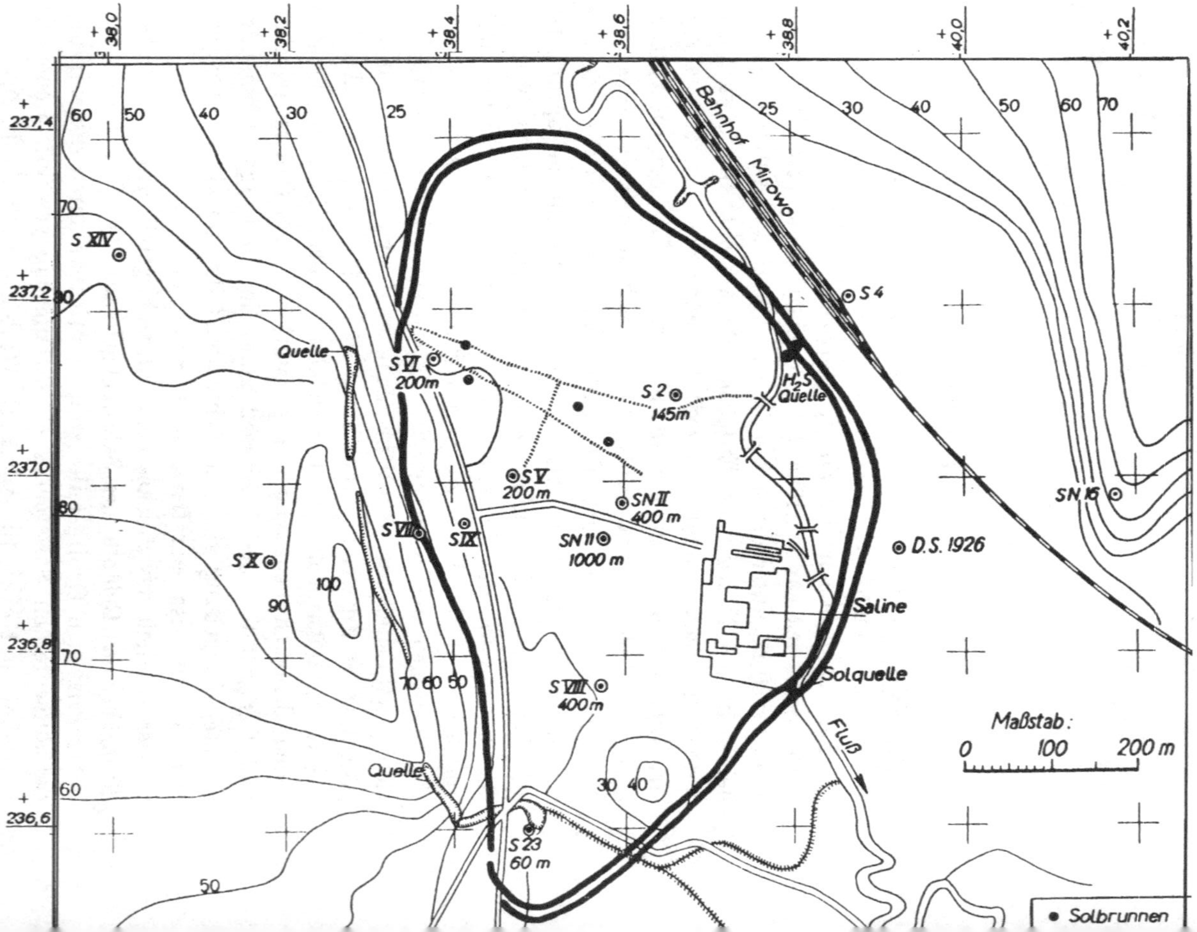

Abb. 1. Situationsplan des Salzstockes von Mirowo

Innerhalb des Sattelbereiches steht Senon (Maastricht) zu Tage an. Darunter folgt Cenoman und in fast konkordanter Lagerung Neocom (Hauterivien und Valanginien). Gault fehlt. Cenoman tritt nur in geringer Mächtigkeit auf.

Östlich des Sprunges bzw. des Salzstockes liegen über dem bei 30 m Entfernung vom Salzstock in etwa 110 m Tiefe festgestellten Senon Ablagerungen der Eocäns (Lutetien) und darüber mergeliger Oligocän.

Unter dem Senon liegt auch hier nur eine geringmächtige Schichtenfolge von Cenoman. Hierunter stehen in erheblicher Mächtigkeit die Schichtenfolgen des Neocoms an, vertreten durch das dem unteren Neocom angehörende Hauterivien und Valanginien.

Die südlich des Stockes niedergebrachte Bohrung XVII zeigt deutlich, daß das Hauterivien nur eine Mächtigkeit von etwa 120 bis 170 m besitzt, während das Valanginien in einer Schichtenmächtigkeit von über 600 m auftritt. Diese Schichtenfolge zeichnet sich in der weiteren Umgebung durch starke Wasserführung aus, die auch hier erwartet werden kann (Reca Devnia s. S. 10).

In der weiteren Umgebung des Salzstockes sind noch mehrere streichend, diagonal und querschlägig verlaufende Störungen mit z. T. erheblichen Sprunghöhen bekannt. Es dürften auch noch unbekannt gebliebene Störungen vorliegen. Auch die bekannten Störungen sind noch nicht so genau untersucht, daß sie zur Beurteilung präziser Fragen, z. B. ihrer Einwirkung auf die Hydrologie der Gegend, insbesondere der engeren Umgebung des Salzstockes, herangezogen werden könnten.

Die Mächtigkeit des Salzstockes ist erheblich, aber noch nicht genau ermittelt. Das im Herbst 1943 bis Frühjahr 1944 hergestellte Bohrloch CN 11, welches etwa 450 m nördlich der Südgrenze des Salzstockes in dessen Mittelachse liegt, hat den Salzstock 1000 m tief durchbohrt, ohne das Liegende zu erreichen.

Von den innerhalb des Gebietes des Salzspiegels niedergebrachten Bohrungen sind noch bemerkenswert das 400 m tiefe Bohrloch C. N. II, das etwa 500 m nördlich der Südgrenze und etwa 280 m

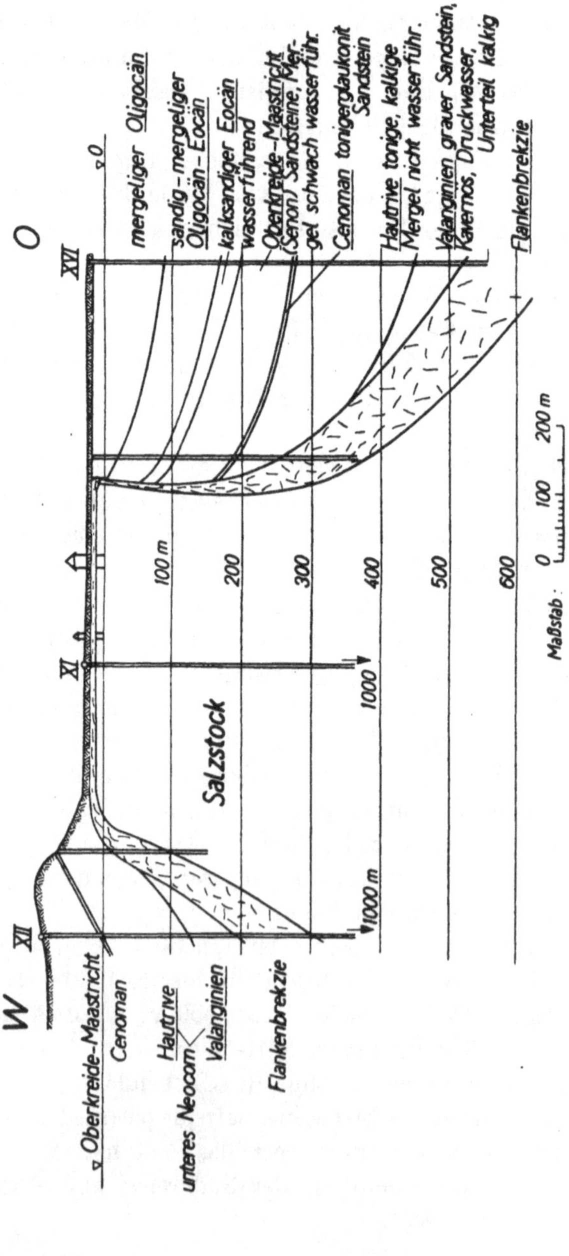

Abb. 2. Provadia, West-Ost-Profil

westlich der Ostgrenze des Salzstockes liegt; außerdem das ebenfalls 400 m tiefe Bohrloch D. C. VIII, das etwa 280 m nördlich der Südgrenze des Salzstockes und etwa 140 m östlich der Westflanke liegt.

Ferner kommen in Frage das 200 m tiefe, im Nordabschnitt des Stockes etwa 35 m östlich der Westflanke liegende Bohrloch S. VI, das 145 m tiefe, etwa 830 m nördlich der Südgrenze und 300 m östlich der Westflanke liegende Bohrloch S. 2, sowie das 60 m tiefe, etwa 100 m nördlich der Südgrenze und 40 m östlich der Westgrenze liegende Bohrloch S. 23 und ein 47 m tiefes Bohrloch, das etwa 70 m westlich des Bohrloches CN 11 liegt, dessen genaue Lage aber nicht bekannt ist. Die übrigen Bohrlöcher innerhalb der Fläche des Salzspiegels sind unter 40 m tief (Abb. 1).

Außerhalb des Salzspiegels wurde Salz angebohrt:

Im Süden

durch das etwa 600 m vom Südrand entfernte Bohrloch XVII, welches das Salz in 1030 m Tiefe erreichte. Das Einfallen der Hangendschichten ist nicht genau bekannt und wurde nur nach deren Neigung zur Achse der Bohrkerne geschätzt. Die Kernprobe aus der Flankenbreccie war fest und dicht, so daß angenommen werden darf, daß die Breccie hier eine wasserundurchlässige Hülle bildet.

Die Salzkerne waren durch die Spülung stark angefressen.

Im Westen und Nordwesten durch 3 Bohrungen.

a) Ein Bohrloch (D. C. IX) wurde etwa in der Mitte der Westfront 50 m östlich vom Rande derselben etwa 60 m tief mit einer Neigung von etwa 30° schräg nach außen (also nach Westen) gebohrt. Es durchbohrte zunächst Deckenbreccie, dann Salz, sodann die Flankenbreccie und gelangte wieder in den Salzkörper. Der Rand des Salzstockes zeigte hier also eine deutliche Pilzform.

b) Bohrloch D. C. VII liegt ebenfalls in der Mitte der Westfront unmittelbar am Rande. Es durchbohrte von 0,0—79 m zusammengekneteten gelben Ton, dann bis 178 m Flankenbreccie, dann Salz. Die Gesamttiefe ist nicht angegeben. Sie beträgt wahrscheinlich nicht über 180 m.

c) Ein Bohrloch (Bl. VII), das in Frontmitte etwa 75 m westlich des Salzstockrandes angesetzt wurde, erreichte das Salz bei etwa 180 m Tiefe. Da das Bohrloch in dem höher gelegenen westlichen Teil des Geländes angesetzt wurde, muß man etwa 30 m von der Tiefe abziehen, um es mit der Höhenlage des Geländes über dem Salzspiegel in Beziehung zu bringen.

d) Ein Bohrloch ist ebenfalls in Frontmitte, aber etwa 200 m westlich des Salzstockrandes niedergebracht (Bl. XII). Es erreichte das Salz bei 404 m Tiefe. Zum Vergleich mit der Höhe des Geländes über dem Salzspiegel müssen etwa 30 m abgezogen werden. Bl. XII ist 1000 m tief und liegt etwa 100 m südlich Bl. S. X.

e) Das 320 m nordwestlich des Salzstockes niedergebrachte Bl. XIV erreichte das Salz bei etwa 340 m Tiefe.

f) Ein Bohrloch etwa 500 m nordwestlich von Bl. XIV erreichte die *Breccie* bei etwa 900 m Teufe (Bl. XV).

Das Salz wurde nicht erbohrt und dürfte bei etwa 1000 m Tiefe liegen.

Im *Osten* liegen 3 Bohrungen vor.

In der Mitte der Ostfront erreichte eine etwa 30 m östlich des Randes angesetzte Bohrung D. S. 1926 das Salz bei 300 m Teufe.

Ein etwa 100 m östlich vom Stock am Südende des Bahnhofes Mirowo liegendes Bohrloch D. S. 4 wurde bei 151,28 m Teufe eingestellt, als man Kreide (Maastricht) erreichte.

Etwa 300 m östlich vom Bl. D. S. 1926 liegt die Bohrung D. N. 16, welche das Salz bei etwa 490 m Tiefe erreichte. Aus den durchbohrten Kalken des Valanginien trat artesisches Wasser mit einer Temperatur von 28° C und einer Schüttung von 90 l/min aus.

Aus den Bohrergebnissen kann man schließen, daß sich der Salzstock nach unten ringsum ziemlich gleichmäßig je 100 m Tiefe um 60 m seitlich verbreitert. Eine stärkere Abweichung zeigt nur die Ostfront, wo der Rand bis 300 m Tiefe wesentlich steiler abfällt, so daß sich hier der Salzstock je 100 m Tiefe nur um 10 m verbreitert. Unterhalb 300 m Tiefe verbreitert sich der Salzstock jedoch stärker, so daß er bei 400 m Tiefe schon eine Verbreiterung aufweist, die der normalen Verbreiterung der drei anderen Flanken entspricht (Abb. 2 u. 3).

Die geologische Zugehörigkeit des Salzes ist m. W. noch nicht sicher festgestellt. Man weiß nicht, aus welchen Gebirgsschichten das Salz aufgepreßt worden ist. Das Salz des Salzstockes hat bei seiner Aufpressung sehr viel Gebirgsmaterial mitgenommen, das in mehr oder weniger groben und kleinen Stücken innig und anscheinend gleichmäßig verteilt in die Salzmasse eingeknetet ist, so daß diese ein ausgesprochenes Haselgebirge darstellt. Es läßt sich bisher noch nicht feststellen, ob diese eingekneteten Gebirgsmassen aus den durchbrochenen Hangendschichten stammen, ob auch liegende Schichten beteiligt sind oder ob schon primär eine Wechsellagerung von Salzen mit anderen Gebirgsmassen vorlag. Tzankov hat in diesen eingekneteten Gebirgsstücken Pflanzenreste permischen Alters festgestellt. Danach ist das Salz wahrscheinlich mindestens permischen Alters.

Die unreine Beschaffenheit des Salzes ist sowohl für die Gewinnung als auch für die Verwendung desselben nachteilig. Der Anteil der in das Salz eingekneteten Gebirgsmassen beträgt angeblich etwa 45—55% des Gewichtes. Wahrscheinlich ist er etwas geringer.

Man kann nun annehmen, daß das Salz in der primären Lagerung eine normale Reinheit besessen hat, daß mindestens keine fremden Bestandteile eingeknetet sind. Aus der großen Mächtigkeit des Salzstockes und seiner gleichmäßigen Breitenzunahme nach der Tiefe kann geschlossen werden, daß auch die primäre Ablagerung eine erhebliche Mächtigkeit besitzt.

Es fragt sich nun, in welcher Tiefe das primäre Salzlager ansteht und welche geologische Bedingungen die Aufpressung des Salzes veranlaßten.

Das steile Einfallen der Ostflanke des Salzstockes kann durch das Absinken des östlich liegenden Hangenden bewirkt sein. Diesem Absinken des östlich liegenden Hangenden kann die Auf-

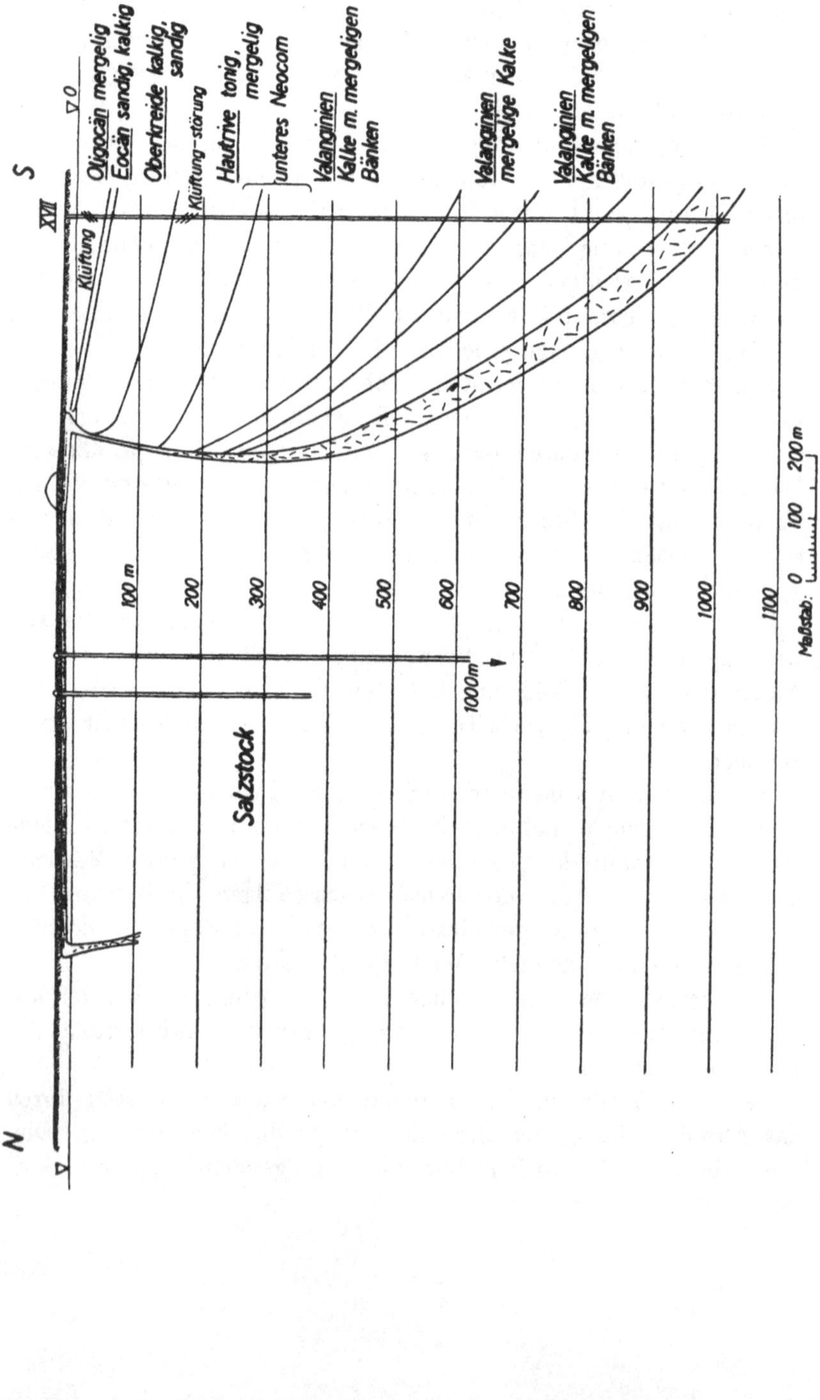

Abb. 3. Provadia, Nord-Süd-Profil

wölbung des westlich liegenden als Gegenwirkung gegenübergestellt werden. Es würden dann hydrologische Einwirkungen nicht als Ursache der Flankensteilheit anzusehen sein. Natürlich kann gleichwohl die verstärkte Gebirgsbewegung an der Ostflanke eine Begünstigung hydrologischer Einwirkungen zur Folge gehabt haben.

Das Absinken des östlich vom Stock liegenden Deckgebirges kann darauf hindeuten, daß die Salzmassen des Stockes vorwiegend aus dem östlichen Gebiet heraufgepreßt wurden. Dem widerspricht aber die Tatsache, daß die Breitenausdehnung des Stockes von etwa 500 m Teufe ab nach unten offenbar sehr gleichmäßig ist. Wohl besteht die Tatsache, daß die Deckgebirgslast in unmittelbarer Nähe östlich des Stockes wesentlich größer ist als unmittelbar westlich desselben. Dadurch hat sich vielleicht die verschiedenartige Aufpressung vorwiegend auf die geringeren Teufen bis etwa 450 m beschränkt. Nach der Tiefe nimmt der relative Druckunterschied naturgemäß ab. Daher ist wahrscheinlich die Aufpressung des Salzstockes nur in den geringeren Teufen — bis etwa 350 m — sehr ungleich gewesen, so daß hier die stärkste Durchknetung und Vermischung des Salzes mit dem Nebengestein stattgefunden haben dürfte.

Stammt das eingeknetete Nebengestein nur aus dem Hangenden, so kann angenommen werden, daß das Salz mit zunehmender Teufe — namentlich im Kern des Salzstockes — reiner wird. Stammt es aber vorwiegend aus dem Liegenden, so wird der Kern mit zunehmender Teufe unreiner und man kann reineres Salz nur in den Flanken erhoffen. Liegt in der primären Lagerstätte eine Wechsellagerung von Salz und Schichten des Nebengesteines vor, so tritt eine gleichmäßig verteilte Verunreinigung von dem Beginn der Aufpressung ein. Natürlich kann in diesem Falle eine Verunreinigung auch aus dem Hangenden bzw. aus dem Liegenden hinzutreten.

Klarheit läßt sich nur durch Untersuchungsarbeiten schaffen. Sollte die primäre Lagerstätte, in der reineres Salz zu erwarten ist, bzw. überhaupt reineres Salz erst in größerer Teufe anstehen, so

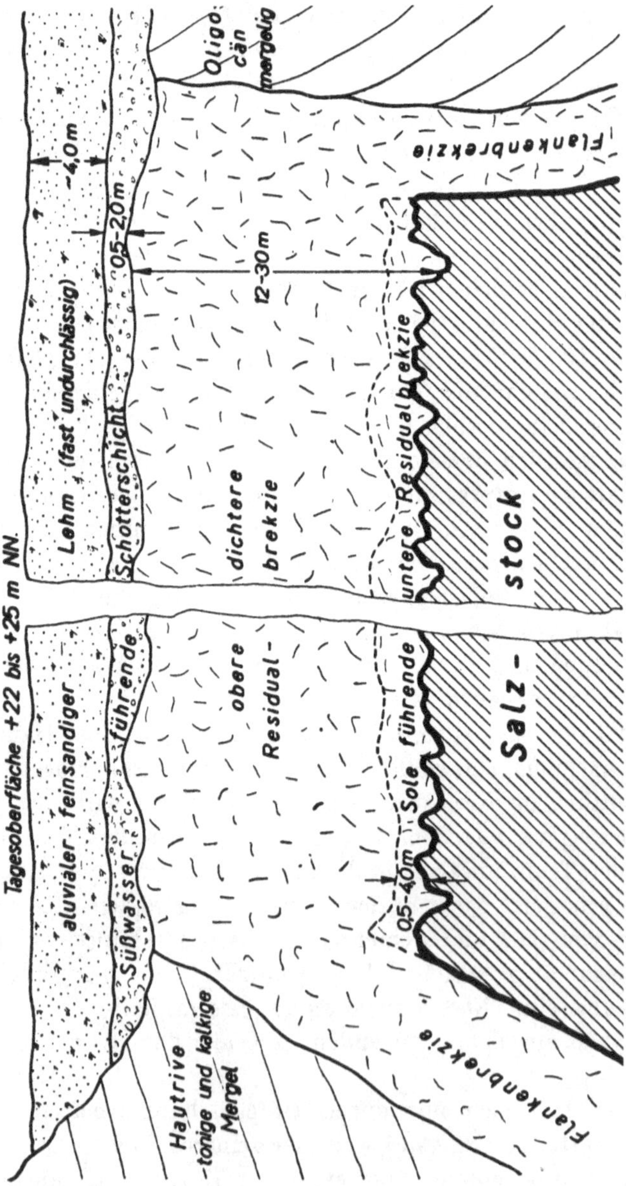

Abb. 4. Provadia: Schichtenaufbau über dem Salzspiegel

kann die Frage, ob dort eine bergmännische Gewinnung möglich ist, nur durch systematische Festigkeitsuntersuchungen beantwortet werden.

II. Hydrologie

Die Tatsache, daß der Spiegel des Salzstockes in etwa 20 m Tiefe unter der Tagesoberfläche ansteht, beweist, daß der hier von N nach S fließende Grundwasserstrom nur eine geringe Einwirkung auf den Salzstock haben kann. Anderenfalls müßte das Salz bis auf größere Tiefen aufgelöst sein (Abb. 4).

Das unmittelbare Deckgebirge über dem Salzspiegel besteht aus einer durchweg Sole führenden, durchlässigen, offenbar noch viel Salz enthaltenden Residualbreccie von etwa 0,5—4,0 m Mächtigkeit, über welcher eine mehr oder weniger ausgelaugte und daher schwer, bisweilen fast undurchlässige Residualbreccie folgt. Die Gesamtmächtigkeit der Residualbreccie beträgt etwa 15 m und schwankt zwischen 8—20 m. Über der Residualbreccie folgt eine Süßwasser führende Schotterschicht von etwa 0,5—2,0 m und darüber bis zur Tagesoberfläche ein schwer durchlässiger Lehm von etwa 4,0 m Mächtigkeit. Die Residualbreccie ist am Rande durch einen entsprechend über den Salzspiegel herausragenden Wulst der Flankenbreccie umgeben, so daß die Sole wie in einer Wanne festgehalten wird und nur geringe natürliche Bewegung hat. Die Solquellen, die am rechten (westlichen) Ufer des Reka Provadiick südlich der zur Bahn führenden Brücke auftreten, haben nur eine Schüttung von insgesamt etwa 20—30 l/min bei einem Salzgehalt von etwa 10—12 %. Andere Solquellen sind nicht bekannt. Offenbar ist der gesamte Soleabfluß nur sehr gering.

Der Grundwasserstrom, dessen Spiegel bei etwa + 19 bis 20 m NN liegt, fließt durch die Schotterschicht über die Sole hinweg und ist von dieser durch den schwer durchlässigen oberen Teil der Residualbreccie weitgehend getrennt.

Auf den Salzspiegel sind mehr als 20 Bohrungen niedergebracht. Sobald man die untere Residualbreccie anbohrt, steigt im Bohrloch die Sole auf ein gleichbleibendes Niveau an, das etwa bei + 18,5 bis 19,0 NN liegt.

Im Gebiet des Stockes sind einige Flachbohrbrunnen angelegt, aus denen die Sole durch außenstehende Pumpen abgesaugt und der Saline zugeführt wird. Die Lebensdauer eines Brunnens beträgt in der Regel ein bis zwei Jahre. Er versagt dann dadurch, daß die Zuflußwege durch den infolge Auslaugung zurückbleibenden Residualton usw. verschlammen. Hierbei nimmt gleichzeitig der Salzgehalt der gepumpten Sole ab. Meist entstehen an den Bohrbrunnen im Gelände flache Senkungen und pingenartige Einbrüche als Folgen der durch die örtliche Salzauflösung bewirkten Materialentnahme.

Auf dem Salzspiegel treten oft infolge des Solbetriebes Seitenschübe des Schlammes ein.

Beim Abteufen des auf Bohrloch S V im Jahre 1935 niedergebrachten Schachtes wurden etwa 1200 l Sole pro Min. gepumpt. Das Wasser hatte eine Temperatur von 16° C sowohl im Herbst als auch im Winter. In einem etwa 160 m nordwestlich dieses Schachtes gelegenen alten aufgegebenen Schacht fiel 1935 der Wasserspiegel während des Abteufens um etwa 0,7 m. Dieser alte Schacht liegt dicht (etwa 25 m) am Westrand des Stockes (nahe Bohrloch D S VI). In dessen Nähe tritt jenseits der Straße die Süßwasserquelle am Nordrand der Antiklinalen auf.

Im Sommer 1948 wurde aus einem Bohrloch rd. 160 m nordnordöstlich von S V eine Menge von 600 l/min gepumpt. Bereits nach 15 Min. trat der Beharrungszustand des sich absenkenden Grundwasserspiegels ein. Die Absenkung betrug am Bohrloch 0,6 m. In Entfernungen von 90—200 m zeigten die Pegel Absenkungen von 30 bis 5 cm.

Aus der kurzen Dauer der bis zum Eintritt des Beharrungszustandes erforderlichen Zeit kann auf das Vorhandensein eines erheblichen Durchflußwiderstandes der oberen Schichten der Residualbreccie geschlossen werden.

Jedenfalls weisen alle Beobachtungen darauf hin, daß der Salzspiegel durch den darüber hinwegfließenden Grundwasserstrom nur in einem sehr geringen Maße beeinflußt wird.

Auch die seitlich des Salzstockes auftretenden Grundwasserströme haben anscheinend keine wesentlich in Betracht kommenden Einwirkungen. Es ist außerhalb des Salzstockgebietes kein Salzwasser festgestellt.

Im Westen des Salzstockes treten aus den beiden Flanken der Antiklinalen dicht am Rande des Salzstockes je eine Süßwasserquelle aus. Die nördliche Quelle liegt dicht westlich des Weges Provadia — Dorf Bosweliisko (Kada-Kjoi). Sie bringt etwa 20 bis 50 l je Min. gutes Trinkwasser, das als solches gepumpt und der Ortschaft zugeführt wird.

Die südliche Quelle läuft frei ab. Sie kann aber wegen der Nord—Süd-Richtung des Grundwasserstromes keine wesentliche Einwirkung auf die Entstehung der anstehenden Salzsole haben.

Im Osten treten unmittelbar am Stockrande zwei Süßwasserquellen mit einer Schüttung von je etwa 7—8 l pro Min. aus, die H_2S führen. Ihre Quelltemperatur von 19° C beweist, daß das Wasser aus dem bei rd. 200 m Teufe liegenden Eocän oder aus dem bei 200—250 m Teufe liegenden Senon (Maastricht) aufsteigt. Die Tatsache, daß das Wasser beider Quellen süß ist, beweist, daß der Breccienmantel im Bereich des Aufstiegweges dieser Quellen völlig wasserundurchlässig ist. Anderenfalls müßten die Quellen Salzwasser führen. Demzufolge ist auch hier der Breccienmantel völlig ausgelaugt.

Pumpt man die H_2S-haltigen Süßwasserquellen stark ab, so tritt Salzwasser aus, das offenbar aus dem über dem Salzspiegel liegenden Gebiet zuläuft, wenn das Süßwasser keinen genügenden Druck äußert.

Daraus kann geschlossen werden, daß im Normalfalle Süßwasser aus dem Quellgebiet in das Gebiet des Salzspiegels übertritt, sobald der hydrostatische Druck desselben hierzu ausreicht. Die Flankenbreccie, welche den Salzspiegel wulstförmig umgibt, ist demnach in geringem Maße durchlässig, so daß im Normalfalle an den beiden H_2S-führenden Quellen etwas Süßwasser in das wannenförmige Gebiet des Salzspiegels eintreten und Sole in geringer Entfernung südlich der zur Bahn führenden Brücke austreten kann.

Im umgebenden Gebirge sind durch die Tiefbohrungen verschiedene Grundwasserhorizonte erbohrt worden, die ausschließlich Süßwasser führen. Sie liegen im Eocän (im Lutetien), im Senon und vor allem im unteren Neocom (Valanginien).

Die größten Wassermengen werden im unteren Neocom (Valanginien) erwartet. Diese Schichten liefern 11 km nordöstlich von Mirowo bzw. ungefähr 20 km westlich von Warna bei Reca Devnia starke Quellen, die voraussichtlich für den Betrieb einer Sodafabrik ausreichen. Die Schüttung dieser Quellen beträgt insgesamt etwa 7—15 cbm/sek je nach der Jahreszeit.

Diese Quellen sind typische Karstquellen. Das Einzugsgebiet dieser Quellen ist die Hochfläche der Dobrudscha. Die Tatsache, daß die Quellen in dem immerhin noch hochgelegenen Gebiet von Devnia auftreten (bei + 25 m NN) beweist, daß die von der Hochfläche der Dobrudscha hier sich flach einsenkenden Schichtenkomplexe des Valanginiens so gelagert sind, daß sie trotz der Meeresnähe keine tiefer gelegene Abflußmöglichkeiten haben. Infolge der flachen Lagerung und der Verkarstung der Schichten tritt das Wasser an mehr oder weniger unregelmäßig verteilten Punkten aus. Nach Tzankov handelt es sich um Stauquellen (Bulg. Ztsch. Naturwissenschaften, Jg. 2, Heft 2, 1940). Ob die Quellen von Devnia mit dem Valanginien von Mirowo hydrologisch in Verbindung stehen, ist noch nicht klargestellt.

Von den Bohrungen im Gebiet Mirowo traf die dicht nordöstlich der Eisenbahn etwa 100 m nordöstlich des östlichen Randes des Salzstockes niedergebrachte 300 m tiefe Bohrung S 4 bei 130 m Tiefe im Eocän eine durchlässige wasserführende Schicht von 2—2,5 m Mächtigkeit an, die artesisches Wasser mit 17 bis 18° C in einer Menge von etwa 10—15 l/min lieferte. Da die durchschnittliche Jahrestemperatur hier 13° C beträgt, entspricht die Quelltemperatur etwa der geothermischen Tiefenstufe der Grundwasserschicht, aus der das Wasser stammt. Das Einzugsgebiet dieses Grundwasserhorizontes wird da liegen, wo die wasserführenden Schichten zutage treten oder unter jüngeren, durchlässigen Schichten ausgehen. Offenbar stammen die beiden H_2S-führenden Quellen, die an der Ostflanke liegen, aus demselben Grundwasserhorizont.

Von wesentlicher Bedeutung für die Beurteilung der hydrologischen Verhältnisse des Salzstockes von Mirowo ist noch die Frage, ob die Flankenbreccie dicht oder wasserdurchlässig ist. Für die Wasserundurchlässigkeit deuten die beiden Süßwasserquellen, die unmittelbar neben der Ostflanke des Salzstockes austreten. Ich wies bereits darauf hin, daß die Flankenbreccie mindestens im Bereich des Aufstiegweges der Quellen wasserundurchlässig sein muß, da sonst das Quellwasser einen hohen Salzgehalt haben müßte.

Ferner haben sich die Bohrkerne aus der Flankenbreccie als dicht und fest erwiesen. Auch dieser Umstand spricht für die Wasserundurchlässigkeit derselben. Endlich darf wohl angenommen werden, daß eine ursprünglich durchlässige Flankenbreccie durch den bei der Lösung des Salzes zurückbleibenden Ton abgedichtet wurde. Das Salz im Salzstock ist nicht nur mit gröberen tonigen, mergeligen, kalkigen und vielleicht auch anhydritischen Gebirgsstücken vermengt. Es ist auch mit sehr feinkörnigen Massen gewissermaßen imprägniert, die dem Salz eine dunkle Färbung geben. Diese unlöslichen Massen bleiben bei der Lösung des Salzes als toniger Schlamm zurück, welcher wasserabsperrend wirkt. Es war schon bei der Deckenbreccie des Salzspiegels darauf hingewiesen, daß diese um so undurchlässiger wird, je stärker sie ausgelaugt ist. Bei der Flankenbreccie kommt noch die mit der Teufe zunehmende dichtende Wirkung der Zusammenpressung der Auslaugungsmasse durch den Gebirgsdruck hinzu. Immerhin kann nicht mit unbedingter Sicherheit angenommen werden, daß die Flankenbreccie an allen Stellen völlig wasserundurchlässig ist.

III. Gewinnungsart

Bisher erfolgt die Salzgewinnung bei Mirowo durch Abpumpen der über dem Salzspiegel anstehenden Sole mit Hilfe von Bohrbrunnen. Diese Gewinnungsart hat den Nachteil, daß deren Leistungsfähigkeit nur eine geringe ist, da sie die durch natürlichen Auflöseprozeß entstehende Solemenge nicht übersteigen kann.

Ferner steht dieser Gewinnung, falls sie durch Einleiten von Süßwasser verstärkt wird, die Gefahr der Bildung erheblicher Pingeneinbrüche entgegen, die dem weiteren Betrieb zunehmende Schwierigkeiten bereiten und schließlich unmöglich machen.

Das gilt auch für Solebohrlöcher, die man mit größerer Tiefe in den Salzstock niederbringen wollte, da man mit diesen die Gestaltung der entstehenden Hohlräume nicht beeinflussen, mindestens nicht überwachen kann.

Es wird daher eine bergmännische Gewinnung vorgeschlagen. Da die unteren Neocomschichten voraussichtlich sehr starke Wasserbringer sind und die Wasserundurchlässigkeit der Flankenbreccie nicht absolut sicher nachgewiesen ist, wurde vorgeschlagen, die Schächte auf dem Salzspiegel niederzubringen. Nach Möglichkeit sollen hierzu die Bohrlöcher S N 11 und S N II als Ansatzpunkte ausgewählt werden, um auf diese Weise diese Bohrlöcher ebenfalls wasserdicht abzuschließen durch ihre Einbeziehung in den erforderlichen wasserdichten Abschluß des Schachtes. Die übrigen Bohrlöcher sollen, soweit sie eine größere Tiefe als ~ 100 m haben, nachträglich durch Zementierung und nachfolgender Versteinung (nach Joosten) wasserdicht abgeschlossen werden.

Wenn auch die ~ 30 m unter dem Salzspiegel liegenden Grubenbaue, die von dem 1938 am Bohrloch S V abgeteuften Schachte aus aufgefahren wurden, bisher trocken sind, so habe ich doch vorgeschlagen, unter dem Salzspiegel mindestens 250 m unverritzt zu lassen und ebenso einen 100 m breiten Randsicherheitspfeiler. Bis zu 1000 m Teufe stehen dann im Salzstock bei einem Salzgehalt von 70% und einem spez. Gew. desselben von 2,2 sowie unter Berücksichtigung eines Schachtsicherheitspfeilers von 300 m ⌀ nach Baumann eine Salzmenge von 678,8 Mill. t an. Nach Abzug der Abbauverluste ergibt sich eine gewinnbare Menge von 148,5 Mill. t. Dieser Vorrat reicht bei der z. Z. vorgesehenen Tagesleistung von 850 t Salz insgesamt ~ 594 Jahre.

Die unterirdische Salzgewinnung kann entweder durch rein bergmännische Arbeiten unter Anwendung von Spreng- und Schrämarbeit im Kammerbau erfolgen, wie dies allgemein in Rumänien der Fall ist, oder durch Auslaugung.

Die rein bergmännische Gewinnung ist teuer, was in Anbetracht des geringen Salzwertes von erheblicher wirtschaftlicher Bedeu-

Abb. 5. Versuch I (Baumann): Süßwasserzufuhr von unten

tung ist. Im vorliegenden Falle wird die Wirtschaftlichkeit noch dadurch wesentlich beeinflußt, daß die rd. 30% der Fördermasse betragenden tauben Massen des Haselgebirges mit gefördert werden müßten. Da nun ohnehin das geförderte Gut aufgelöst werden muß, um der bei Devnia zu errichtenden Sodafabrik eine gesättigte Sole durch eine Rohrleitung zuführen zu können, ist es naheliegend, die Gewinnung durch die wesentlich billigere Auslaugung zu bewerkstelligen.

Der Auslaugung in der bisher bekannten Weise steht der Nachteil übermäßiger Abbauverluste entgegen. Nach F. A. Fürer be-

2*

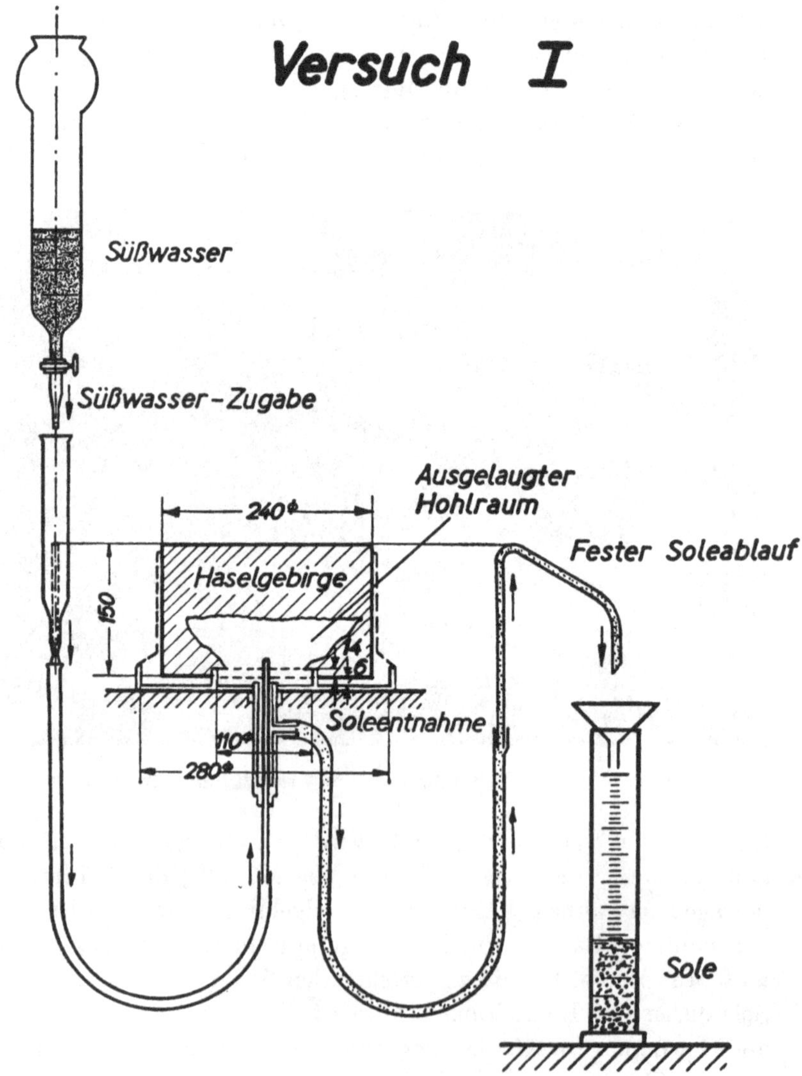
Versuch I
Süßwasser
Süßwasser-Zugabe
Ausgelaugter
Hohlraum
240⌀
Fester Soleablauf
Haselgebirge
150
14
6
4
Soleentnahme
110⌀
280⌀
Sole

Abb. 6.

trugen am Anfang des Salzbergbaus auf Haselgebirge die Abbauverluste über 95%. Sie sind durch systematische Anordnung der Laugwerke zwar zurückgegangen, dürften aber im vorliegenden Falle, d. h. bei ihrer Anwendung in dem Salzstock von Mirowo mindestens noch rd. 85% betragen.

Die Ursachen dieser erheblichen Abbauverluste sind in der Gestaltung der Auslaugungsräume bei dem bis jetzt üblichen Auslaugungsverfahren zu suchen. Bekanntlich läßt man das Süßwasser in den auszulaugenden Hohlraum von unten eintreten, so daß das auf der Sole schwimmende Süßwasser von unten her die Decke des Raumes — den „Himmel" — berührt und dort seine Lösearbeit durchführt. Hierbei werden aber stets die Seitenwände stark angegriffen, so daß sich die Räume nach oben hin erweitern. Die Seitenflächen erhalten in der Regel eine Neigung von $\sim 45^0$ und darunter.

Dipl.-Ing. Baumann hat in einem von mir zur Verfügung gestellten, aus dem Salzstock Mirowo stammenden Bohrkern von 24 cm ⌀ dieses Auslaugungsverfahren in kleinem Maßstab durchgeführt und dabei einen Auslaugungshohlraum erhalten, dessen Gestalt die Abb. 5 zeigt. Dieses Bild wurde gewonnen, nachdem der Bohrkern im Anschluß an den Auslaugungsversuch in der Längsachse durchschnitten wurde.

Die Zuführung des Süßwassers zeigt Abb. 6. Der 15 cm hohe Bohrkern erhielt an der Unterfläche eine Ausbohrung von 120 mm ⌀ und 14 mm Höhe. Er wurde über einen eisernen Ring an der Grundplatte des Versuchsgestells dicht anschließend gestülpt und in Beton eingebettet. Die kreisförmige Ausbohrung diente als Angriffsfläche für das Süßwasser, das über eine geeignete Tropfapparatur von unten zugeführt wurde. Das Süßwasserzuführungsrohr konnte ständig höher gestellt werden, so daß das Süßwasser direkt unter dem „Himmel" bei leichtem Überdruck austrat.

Die Sole wurde durch ein das Süßwasserrohr umhüllendes Mantelrohr abgeführt und durch einen seitlichen Abzweig tropfenweise in ein Meßgerät abgegeben.

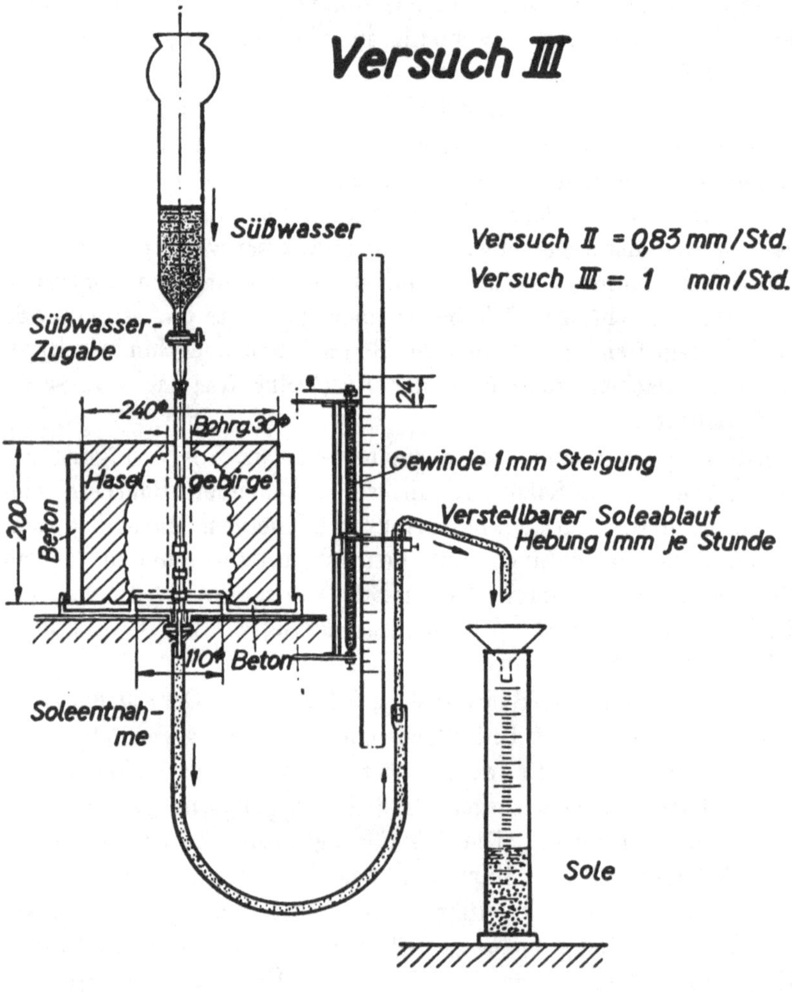
Versuch III
Süßwasser
Versuch II = 0,83 mm/Std.
Versuch III = 1 mm/Std.
Süßwasser-
Zugabe
24
240∅
Bohrg. 30∅
Gewinde 1 mm Steigung
Hasel-
gebirge
200
Beton
Verstellbarer Soleablauf
Hebung 1 mm je Stunde
110∅
Beton
Soleentnah-
me
Sole

Abb. 7.

In 131,5 Std. wurden

an Süßwasser zugeführt . .	7747 cm^3 = 58,91 cm^3/h
an Sole abgeführt	8635 „
1000 cm^3 Sole enthalten .	302,2 g Salz
Leistung je 100 cm^2 Himmelsfläche u. Std.	9,09 „ „

Der wesentliche Nachteil dieses Auslaugungsverfahrens beruht in der Schwächung der zwischen den Kammern vorgesehenen Salzpfeilern durch ihre schräg nach außen übergreifenden Seitenflächen. Um einen geordneten und sicheren Betrieb bei möglichst geringen Abbauverlusten durchführen zu können, muß ein Auslaugungsverfahren entwickelt werden, das die Entstehung zylindrischer Hohlräume sichert.

Hierzu wandte Baumann ein Auslaugungsverfahren an, dessen grundsätzliche Anordnung Abb. 7 zeigt. Der Bohrkern hat eine Zentralbohrung von 30 mm ∅, durch welche das Süßwasser von oben zugeführt werden kann. Im übrigen ist die Anordnung dieselbe wie beim ersten Versuch. Die Abnahme der Sole erfolgte durch einen in der Höhe verstellbaren Überlauf, der in 24 Std. um je 20 mm gehoben wurde. Gleichzeitig wurde auch die Süßwasserzufuhr gehoben.

In 197 Std. wurden

an Süßwasser zugeführt	7500 cm^3 = 38,07 cm^3/h
an Sole gewonnen	7950 „
1000 cm^3 Sole enthalten . . .	314,95 g Salz
Leistung je 100 cm^2 Himmelsfläche u. Std.	17,2 „ „

Die tatsächlich erhaltene Form des Auslaugungsraumes zeigt Abb. 8. Der Raum ist — abgesehen von den durch die Einschlüsse bedingten Unebenheiten — zylindrisch mit fast waagerechter First (Decke).

Da zur Erhöhung der Tragfestigkeit der Zwischendecken im Abbau eine gewölbeartige Form derselben zweckmäßig erschien, wurde ein dritter Versuch durchgeführt. Gegenüber dem zweiten

Abb. 8. Versuch II (Baumann): Süßwasserzufuhr von oben

Abb. 9. Versuch III (Baumann): Süßwasserzufuhr von oben

Versuch war nur die Änderung vorgenommen, daß der Vorschub des Sole-Überlaufes durch eine Spindel mit Millimeter-Teilung erfolgte. Während der Versuchsdauer wurde die Spindel je Std. einmal gedreht, so daß sich ein tägliches Versuchsmaß von 24 mm ergab.

In 174 Std. wurden

an Süßwasser zugeführt	8596 cm³ = ~49,4 cm³/h
an Sole abgeführt	9590 „
1000 cm³ Sole enthalten ...	314 g Salz
Leistung je 100 cm² Himmelsfläche u. Std.	20,0 „ „

Die maximale Leistungsfähigkeit der Himmelsfläche dürfte hiermit erreicht sein, da der mittlere Salzgehalt der Sole von 314,95 g auf 314,0 g fiel. Immerhin ist die Nachprüfung im Großbetrieb erforderlich.

Vor allem ergab sich durch den schnelleren Vorschub des Sole-Überlaufes eine gewölbeartige Form der Decke des Auslaugungshohlraumes, wie Abb. 9 zeigt.

Die Versuche beweisen, daß zylindrische Auslaugungshohlräume und auch solche mit gewölbeartiger Decke hergestellt werden können, wenn Süßwasserzugabe, Soleentnahme und Lösefähigkeit des Salzes aufeinander abgestimmt werden.

In erster Annäherung kann zur Bestimmung der für den Großbetrieb zuzuführenden Süßwassermenge davon ausgegangen werden, daß deren Bedarf je Flächeneinheit in der Zeiteinheit den Versuchsergebnissen entspricht. Es ist also nur erforderlich, die „Himmelsfläche“ vor Beginn der Auslaugung zu schaffen, welche der horizontalen Querschnittsform des durch Auslaugung zu schaffenden Hohlraumes entspricht. Beim Versuch, gem. Abb. 7, wurde im unteren Teil des Bohrkerns eine 14 mm hohe Ausbohrung von 120 mm ∅ hergestellt, also eine „Himmelsfläche“ von 113 cm². Dieser Himmelsfläche entsprach für den Versuch III (Abb. 7) eine Süßwasserzufuhr von 38,07 cm³/h, also je 100 cm² Himmelsfläche eine solche von ungefähr 33,70 cm³/h.

Je nach dem gewünschten Durchmesser des durch Auslaugung zu schaffenden Hohlraumes wird man auf der unteren Sohle des Abbaus einen etwa 2,0 m hohen, kreisrunden Raum bergmännisch durch Sprengarbeit herstellen, in dessen Mittelachse ein Bohrloch zur oberen Sohle angeordnet wird. Der Raum wird unten wasserdicht abgeschlossen, nachdem er mit losem Salz ausgefüllt wurde. Wird dann Süßwasser zugeführt, so kann dieses bei richtiger Mengenbemessung nach Auflösung der losen Salzmassen nur an der Himmelsfläche lösend wirken, da die sich unten ansammelnde gesättigte Sole das anstehende Salz nicht mehr angreifen kann.

Für einen Abbauraum von 10 m $\varnothing \sim 78{,}5400\ m^2 = 785\,400\ cm^2$ müßte eine Süßwasserzufuhr von $\frac{33{,}7 \cdot 7854}{1000} = 252$ l/h vorgesehen werden.

Mit diesen Versuchen ist zweifellos ein wesentlicher Fortschritt der Salzgewinnung durch Auslaugung angebahnt, der eine erhebliche Verbilligung des Betriebes bei den denkbar geringsten Abbauverlusten ermöglichen dürfte.

BERICHTE ÜBER DIE VERHANDLUNGEN DER SÄCHSISCHEN AKADEMIE DER WISSENSCHAFTEN ZU LEIPZIG

MATHEMATISCH-NATURWISSENSCHAFTLICHE KLASSE

Band 97

Heft 1	*Erich Strack:*	Beobachtungen über den endogenen Anteil des Kot-Stickstoffes	DM 2.50
Heft 2	*Ernst Hölder:*	Über die Variationsprinzipe der Mechanik der Kontinua	vergr.
Heft 3	*H. Gerstner — H. Baark — H. Graul:*	Der Wechselstromwiderstand der Froschhaut	DM 2.75
Heft 4	*Herbert Beckert:*	Existenz- und Eindeutigkeitsbeweise für das Differenzenverfahren zur Lösung des Anfangswertproblems, des gemischten Anfangs-Randwert- und des charakteristischen Problems einer hyperbolischen Differentialgleichung 2. Ordnung mit zwei unabhängigen Variablen	DM 9.—
Heft 5	*Herbert Beckert:*	Über quasilineare hyperbolische Systeme partieller Differentialgleichungen 1. Ordnung mit zwei unabhängigen Variablen. Das Anfangswertproblem, die gemischte Anfangs-Randwertaufgabe, das charakteristische Problem	DM 14.50
Heft 6	*Enno Heidebroek:*	Das Verhalten von zähen Flüssigkeiten, insbesondere Schmierflüssigkeiten, in engen Spalten	vergr.
Heft 7	*Hans Schubert:*	Über eine lineare Integrodifferentialgleichung mit Zusatzkern	DM 9.25
Heft 8	*Helmar Krupp:*	Bestimmung der allgemeinen Lösung der Schrödinger-Gleichung für Coulomb-Potential	DM 5.50

Band 98

Heft 2	*Enno Heidebrock:*	Über die Beziehungen zwischen Schmierung und Verschleiß bei geschmierter Gleitreibung	DM 2.75

AKADEMIE-VERLAG · BERLIN NW 7

FSC
www.fsc.org
MIX
Papier | Fördert gute Waldnutzung
FSC® C083411

Zeitfracht Medien GmbH
Ferdinand-Jühlke-Straße 7
99095 Erfurt, Deutschland
produktsicherheit@kolibri360.de